Rahul Pingale

Tinta de soja à base de água para embalagem

Rahul Pingale

Tinta de soja à base de água para embalagem

ScienciaScripts

Imprint

Any brand names and product names mentioned in this book are subject to trademark, brand or patent protection and are trademarks or registered trademarks of their respective holders. The use of brand names, product names, common names, trade names, product descriptions etc. even without a particular marking in this work is in no way to be construed to mean that such names may be regarded as unrestricted in respect of trademark and brand protection legislation and could thus be used by anyone.

Cover image: www.ingimage.com

This book is a translation from the original published under ISBN 978-620-0-43797-6.

Publisher:
Sciencia Scripts
is a trademark of
Dodo Books Indian Ocean Ltd. and OmniScriptum S.R.L Publishing group
Str. Armeneasca 28/1, office 1, Chisinau MD-2012, Republic of Moldova, Europe
Printed at: see last page
ISBN: 978-620-5-35670-8

ÍNDICE

CAPÍTULO I   3

CAPÍTULO II   23

CAPÍTULO III   24

CAPÍTULO IV   31

CAPÍTULO V   48

CAPÍTULO I

INTRODUÇÃO

"A procura por parte dos clientes de impressão de produtos impressos que têm um impacto ambiental mínimo está a crescer a um ritmo extremamente rápido", disse Michael Makin, presidente e CEO da Printing Industries of America, (PIA) [1]. O respeito pelo ambiente de uma empresa é muito importante hoje em dia, devido ao número crescente de pedidos de informação por parte dos clientes. A Sustainable Green Printing (SGP) Partnership foi fundada em Junho de 2007 e foi estabelecida por três organizações gráficas fundadoras - PIA/GATF, Specialty Graphic Imaging Association (SGIA), e Flexographic Technical Association (FTA) [2]. A sua missão é "Encorajar e promover a participação no movimento mundial para reduzir o impacto ambiental e aumentar a responsabilidade social da indústria gráfica e de comunicação gráfica através de práticas sustentáveis de impressão ecológica" [3]. O SGP gostaria de ver mais utilização de materiais ecológicos da indústria de impressão e comunicação gráfica.

O mercado de embalagens de corrugação está a crescer rapidamente nos países desenvolvidos, especialmente nos EUA, e irá registar uma taxa de crescimento anual de 5,6% de acordo com o estudo feito pelo Grupo Freedonia, que foi reportado pela publicação online Packaging outlook publicada em 2018 [4]. As embalagens caneladas têm como objectivo a utilização de revestimentos feitos de polímeros biodegradáveis, mas só faz sentido imprimir nelas com tintas biodegradáveis. As tintas à base de água (WB) representam uma tendência interessante na indústria da embalagem flexográfica, devido à sua natureza ambientalmente benigna; o seu uso está a crescer significativamente [5].

No caso das tintas à base de água flexográfica, são normalmente utilizados polímeros acrílicos à base de petróleo. Além disso, os polímeros acrílicos são utilizados numa variedade de aplicações, tais como as indústrias automóvel, de dispositivos médicos, de tintas, e de adesivos. Muitas vezes, a indústria de tintas tem de competir com outras indústrias por polímeros acrílicos, o que a torna um processo dispendioso e demorado. Há falta de informação sobre a utilização de polímeros de soja em tintas flexográficas à base de água [6]. A fim de ser verdadeiramente "verde" ou amiga do ambiente, é importante substituir as resinas de tinta feitas de matérias-primas fósseis nas tintas por resinas amigas do ambiente produzidas a partir de recursos renováveis. O foco desta investigação foi investigar se as tintas WB feitas com resinas renováveis e/ou biodegradáveis produzidas a partir de recursos renováveis, nomeadamente a proteína de soja, poderiam ser comparáveis a, e assim substituir as resinas acrílicas convencionais (produzidas a partir de matéria-prima petrolífera), quando impressas em papel ou cartão Kraft, que é principalmente utilizado na impressão de embalagens de papel ondulado [3].

O enfoque será nas tintas para linerboards, porque o linerboard é um substrato utilizado essencialmente com formulações de tinta à base de água a 100%, e o sector de embalagem de linerboard está a crescer exponencialmente [7]. O primeiro passo será a formulação de tintas à base de água à base de solução totalmente acrílica e polímeros de emulsão como resinas. A seguir, parte da formulação da tinta será substituída por polímeros de soja, fazendo-o em incrementos de 20-40-60 até 100% de substituição da resina de emulsão acrílica correspondente. A tinta colorida formulada de processo ciano será testada quanto à sua capacidade de impressão, reologia e propriedades de utilização final, tais como resistência à fricção, brilho e aderência. Isto ajudará a alcançar a formulação de uma tinta à base de água flexográfica verdadeiramente amiga do ambiente, ao mesmo tempo que elimina a emissão de COVs.

1.1. Visão geral do Processo de Flexografia

Nos EUA, a embalagem é mais frequentemente impressa utilizando o processo de impressão flexográfica (flexo), porque é menos cara do que a gravura, que é outro grande processo de impressão de embalagens. A flexografia é mais versátil do que outros processos de impressão, o que significa que é capaz de imprimir praticamente em todos os substratos. Além disso, devido ao seu suporte flexível de imagem em chapa, é mais tolerante do que a gravura ou litografia no que diz respeito à lisura do substrato. A flexografia é principalmente utilizada para aplicações de embalagem, tais como recipientes ondulados, bolsas flexíveis, filmes, impressão em cartão, etc. Este processo não é senão uma versão modificada da impressão tipográfica, que também utiliza a superfície em relevo como área de imagem. As placas flexográficas, quer moldadas a partir de borracha, quer imersas em fotopolímero, são geralmente feitas de materiais flexíveis. O princípio de funcionamento da flexo é ilustrado na Figura 1 [8].

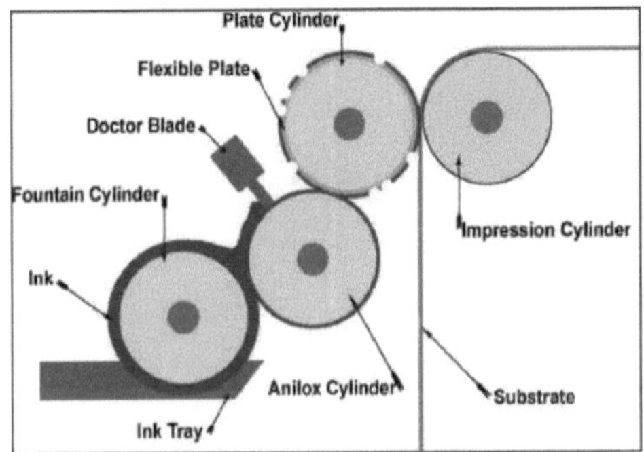

Figura 1. Processo de impressão flexográfica [9]

Na forma mais simples e mais comum, o processo de flexografia é composto por quatro componentes [9,10]:

1. Sistema de Tintagem de Lâmina de Rolo de Fontes/Câmara de Lâmina de Doutor,

2. Rolo de tinta (Anilox),

3. Cilindro de placa,

4. Cilindro de impressão.

O rolo da fonte gira num reservatório de tinta. O seu principal objectivo é recolher e entregar um fluxo relativamente pesado de tinta da bandeja da fonte (ou câmara de lâmina de doutoramento fechada) ao rolo de anilox, que é normalmente cerâmica e equipada com minúsculas células gravadas mostradas na figura 2. O número de células varia de 80 a 2000 células por polegada linear, dependendo da resolução. As réguas de tela dependem principalmente do tipo de substrato. Substratos mais porosos absorvem mais tinta, e nesse caso, o anilox de contagem de linhas inferiores é utilizado para fornecer mais tinta [11].

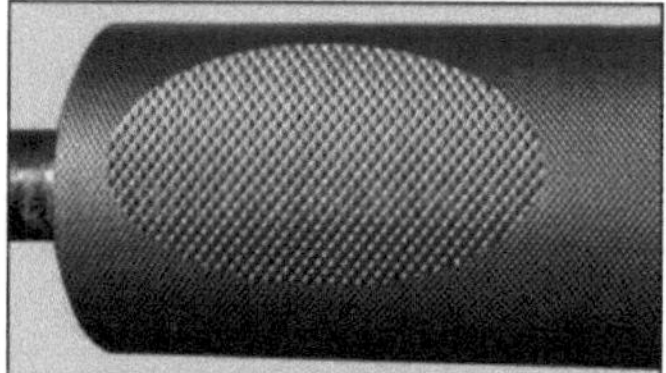

Figura 2. Anilox rolo [12]

O processo de impressão flexográfica depende de uma transferência precisa e controlada de uma tinta líquida, verniz ou revestimento. Um rolo anilox é um rolo dosador cromado ou cromado cerâmico concebido para fornecer consistentemente um volume uniforme e mensurável de tinta do rolo dosador para o suporte de imagem/cilindro da placa (por vezes emparelhado com uma lâmina médica para limpar ainda mais o excesso de tinta do rolo). Assim, o rolo anilox é um componente extremamente importante do processo flexográfico, tendo a capacidade de alterar eficazmente o resultado da impressão através da receptividade da tinta e das suas capacidades de libertação; o volume de tinta que é transferido é extremamente importante na reprodução de meios-tons e cores do processo. O número de células de um rolo anilox é designado por "lpi" (linhas por polegada), e determina a quantidade de tinta que será transferida para o cilindro de placa. Estas células são geralmente gravadas mecanicamente ou a laser e são categorizadas em 5 tipos de estrutura celular: trielical, piramidal, quadrangular, hexagonal, canal hexagonal (Ver Figura 3).

Quanto maior for a contagem de anilox lpi, maior quantidade de células, menor quantidade de tinta depositada e mais controlado é o fornecimento de tinta. O ecrã de linha ou lpi é o componente principal a compreender quando se especifica um rolo de anilox, uma vez que uma lpi é escolhida em correlação directa com o volume de anilox. O volume do rolo anilox é a capacidade da superfície gravada numa polegada quadrada, expressa em biliões de microns cúbicos (BCM). Um volume mais elevado traduz-se por uma maior densidade de tinta sólida, mais cor, ou uma espessura de revestimento mais pesada. Os volumes mais baixos aplicam películas de tinta mais finas directamente associadas a uma maior qualidade de impressão e eficiência de processo.

O rolo anilox (Figura.2) fornece uma fina película de tinta para a chapa de impressão. É por isso que a fonte e os rolos de anilox são colocados para rodar uns contra os outros com a menor quantidade de pressão necessária para formar um tanque atrás do nip. O rolo de anilox é muitas vezes utilizado com uma lâmina médica de ângulo inverso para limpar o excesso de tinta do rolo. O sistema de tinta chambered [9] é normalmente utilizado em prensas flexográficas de banda estreita para imprimir de forma mais consistente, precisa e sem enfrentar problemas relacionados com a evaporação de solventes, e instabilidade reológica.

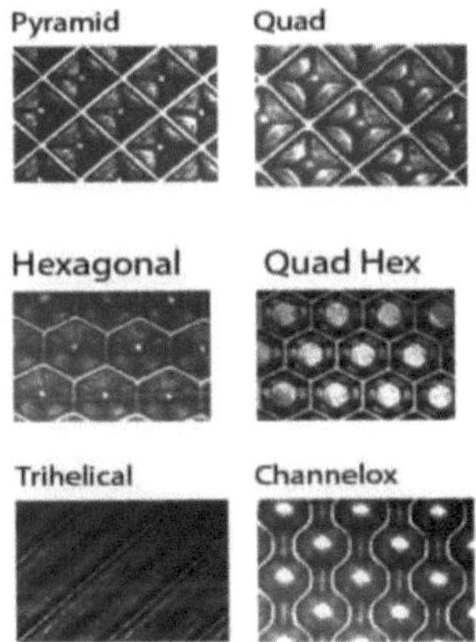

Figura 3. Células anilox [13]

O cilindro de chapa de aço com placa flexográfica montada é instalado entre o cilindro anilox e o cilindro de impressão. As placas de impressão (Figura.4) são fixadas ao cilindro de chapa com fita adesiva especial de dupla face chamada stickyback. A superfície elevada da chapa de impressão recolhe a tinta do anilox e transfere-a para o substrato. O cilindro de impressão, localizado no lado oposto do substrato contra o cilindro da chapa, suporta o substrato e cria o nip de impressão.

Figura 4. Placa fotopolímero de flexografia [14]

1.2. Tintas de embalagem Flexografia

As tintas são suspensões coloridas concebidas para reproduzir imagens coloridas em superfícies de impressão. A maioria das tintas de impressão consiste em corante, quer pigmento, que é insolúvel no seu veículo, quer um corante, que é solúvel no seu veículo [15]. As tintas flexográficas podem ser formuladas para satisfazer necessidades específicas, de acordo com a configuração da prensa e a superfície do substrato. Estas tintas são fluidas e de secagem rápida. As tintas de embalagem flexográficas podem ser categorizadas com base na sua composição química como um dos seguintes tipos principais [15]:

1. À base de água (WB),

2. À base de solvente,

3. Tintas de cura energética (UV/EB).

Todas estas tintas são compostas por corantes e veículos. Os corantes, que podem ser pigmentos ou corantes, dão à tinta a sua cor. Os pigmentos podem ser divididos de acordo com a sua natureza química em pigmentos inorgânicos ou orgânicos, ou de acordo com a sua função, tais como pigmentos de cor de processo convencional (amarelo, magenta, ciano, e preto), pigmentos de cor manchada, pigmentos de efeito especial, metálicos, e funcionais, tais como condutores, ou semi-condutores [16]. As resinas contribuem para a capacidade de impressão de uma tinta, reologia/ viscosidade (fluxo), aderência e estabilidade. Os solventes são, basicamente, agentes de transporte que transportam a tinta da fonte para o tambor e para o substrato. Finalmente, os aditivos trazem algumas propriedades especiais à formulação da tinta. Podem aumentar o brilho, opacidade, e podem melhorar o calor, humidade, desbotamento e resistência à fricção [9].

Pigmentos: Responsável pelo que vemos numa página impressa, ou seja, a cor da tinta, que é o ingrediente mais caro e contribui para cerca de 50% do custo da tinta. Os pigmentos são materiais de partículas sólidas que ou absorvem ou dispersam a luz. Têm de ser moídos a fim de os dispersar em resina e mantê-los na dispersão. Os pigmentos têm uma estrutura cristalina e devem ser distribuídos uniformemente a fim de produzir uma impressão de boa qualidade. Os pigmentos podem ser classificados como pigmentos orgânicos, inorgânicos, metálicos, florescentes, perolados, etc., todos eles insolúveis no veículo, enquanto que os corantes são solúveis no veículo. Quando se faz referência a um pigmento, isso é frequentemente feito ou pelo número da sua fórmula, ou pelo nome do seu índice de cor.

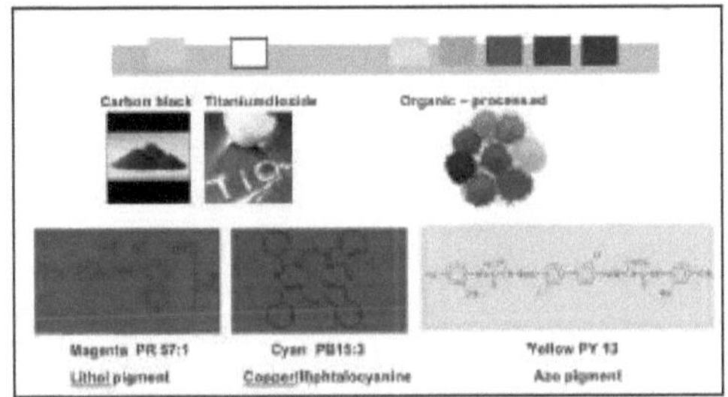

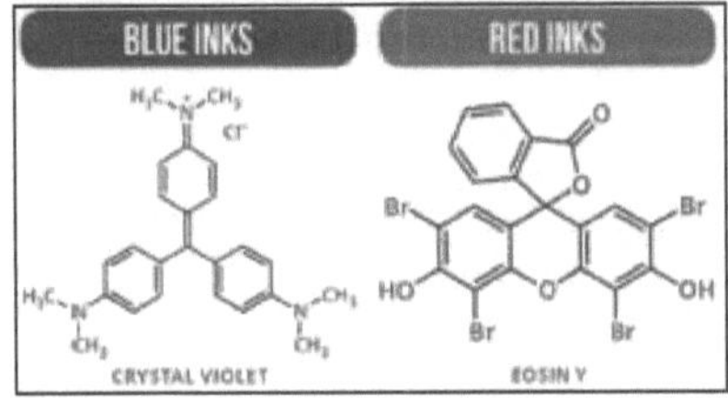

Figura 5. Tipos de pigmentos [17]

Os pigmentos são utilizados frequentemente em muitas das aplicações de impressão, enquanto que os corantes são mais comuns nas tintas de base aquosa, tais como as encontradas nas canetas. Embora mais recentemente, tem havido tintas que fazem uso tanto de um corante como de um pigmento. Um exemplo de um corante é o eosin, que é normalmente utilizado em canetas de tinta permanente vermelhas. Dois pigmentos inorgânicos são o dióxido de titânio, usado em tintas brancas, e o negro de carbono, que é usado para fazer tintas pretas. Os pigmentos orgânicos são utilizados em tintas coloridas; exemplos são os pigmentos ftalocianina que dão tintas verdes e azuis, e os pigmentos azóicos para tintas vermelhas e amarelas. Ao longo das últimas décadas, preocupações sanitárias e ambientais levaram à redução da utilização de pigmentos inorgânicos de cor, uma vez que estes contêm tipicamente metais pesados tóxicos [18].

Resinas: Responsável por ligar os pigmentos e contribuir para o brilho e aderência da tinta. As resinas sintéticas para tintas fluidas como as tintas à base de água flexo ou de gravura são resinas acrílicas. As resinas alquídicas, por outro lado, são utilizadas na formulação de tintas litográficas. Um exemplo de resina natural é a colofónia, que é feita de ácido abiético, e é a que é obtida a partir de pinheiros, ou como subproduto da polpação kraft. A colofónia é a principal matéria-prima para a formulação de tintas de gravura para publicações de base soviética. Outros derivados comuns da colofónia são conhecidos como fumáricos.

O veículo, também chamado de aglutinante ou verniz, permite que o corante se disperse e se mantenha numa forma imprimível, de modo a que o corante possa alcançar o substrato ou a superfície, e se afixe a ele. Os veículos são tipicamente resinas que permanecerão no substrato ou superfície juntamente com o corante, por vezes com os aditivos, que também são considerados como fazendo parte do veículo. As resinas são sobretudo materiais poliméricos, sendo alguns exemplos de resinas sintéticas resinas epoxi, resinas poliamidas, ou resinas acrílicas.

Solventes: Responsáveis por manter a tinta na forma líquida, manter a resina ou polímero dissolvido, regular a viscosidade da tinta, e são também um factor enorme na segurança da tinta. Os solventes representam geralmente menos de 40% do peso da tinta. O solvente é utilizado para dissolver o ligante da tinta, e também para alterar a viscosidade da tinta. Exemplos de solventes são o xileno, tolueno, óleo mineral, álcoois, ésteres, cetonas, e água. Muitas das formulações da tinta secam por calor, onde o solvente é removido pela evaporação da tinta. Algumas tintas, tais como as curáveis por UV, não contêm solvente, mas monómeros líquidos, que polimerizam e se tornam uma parte sólida da tinta.

Aditivos: Existe uma série de aditivos na indústria das tintas. Alguns estão presentes em muitas químicas diferentes de tintas, tais como ceras, outros são muito específicos para determinadas químicas das tintas, tais como antiespumantes, encontrados apenas em tintas de base aquosa. Elas ajudam a transportar, estabilizar e melhorar o produto final. Os aditivos são tipicamente a menor percentagem da composição da tinta, presente nas tintas em menos de 5% da sua formulação. São utilizados para ajustar as propriedades da tinta ou adicionar uma propriedade à tinta, aumentando assim o seu desempenho. Uma tinta pode conter aditivos tais como ceras, plastificantes, agentes desespumantes, promotores tixotrópicos, branqueadores ópticos, agentes anti-espuma, promotores de adesão, e secadores.

Redutor: O objectivo é produzir uma película transparente e brilhante sobre o material impresso, a maior parte utilizado em tintas litográficas, tais como óleo de sementes de tungsténio.

Ceras: Fornecem resistência química e aumentam a resistência à fricção. As ceras são frequentemente fundidas no solvente que está a ser utilizado, podem ser sintéticas ou naturais. As ceras de polietileno são exemplo de ceras sintéticas. As ceras de Carnaúba ou de abelha são naturais[19].

1.3. Tintas à base de água

Uma tinta à base de água é uma tinta que tem os pigmentos ou os corantes como corante. Predominantemente, os pigmentos são utilizados numa suspensão coloidal com resinas poliméricas de peso molecular diferente, e a água como solvente. Embora o principal solvente nas tintas de base aquosa seja a água, também podem estar presentes outros co-solventes. Estes co-solventes são tipicamente COV, tais como isopropil ou álcool propílico normal, contudo, têm de estar presentes em quantidades inferiores a 5% em formulações de tinta.

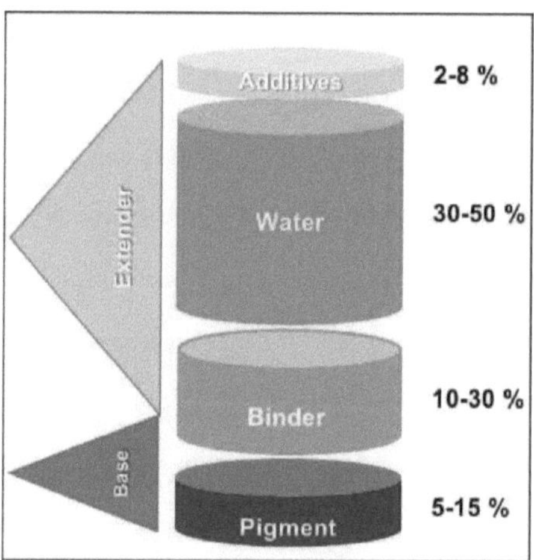

Figura 6. Composição da tinta à base de água por flexografia [20]

As primeiras tintas à base de água existem desde cerca de 2500 a.C. As primeiras tintas à base de água eram tintas pretas de escrita que eram tipicamente carbono em suspensões de água que eram estabilizadas ou por albumina de ovo ou por uma goma natural [19]. Embora as tintas à base de água existam há mais de 4500 anos; foram muito pouco utilizadas até finais da década de 1960. As tintas à base de água costumavam ter problemas inerentes, e por isso foram ignoradas como uma opção viável para outras tintas à base de solventes durante algum tempo. Na década de 1970, uma escassez de petróleo bruto, combinada com uma nova consciência dos efeitos nocivos que os solventes na tinta poderiam ter tanto para os seres humanos como para o ambiente, novas leis foram postas em vigor forçando a indústria da tinta a procurar uma alternativa sob a forma de tintas de base aquosa [21]. O objectivo da utilização de tintas à base de água é remover completamente os químicos perigosos da tinta, e não apenas reduzir os COV's presentes.

1.3.1. Propriedades utilizadas para classificar as tintas

Para determinar que tinta deve ser utilizada para um determinado processo ou aplicação, as propriedades examinadas são: viscosidade, tack da tinta, ou capacidade de aderir às superfícies, tamanho das partículas, cor ou resistência da cor, tempo de secagem, resistência à fricção, e brilho. Determinar se uma tinta específica pode ou não ser utilizada para uma determinada aplicação pode também depender do solvente que possa permanecer no filme de tinta, do odor que a tinta possa transferir para o substrato ou libertar, do sangramento do corante, da resistência ao calor, da resistência ao frio, do selo térmico ou de qualquer número de outras propriedades [22].

1.3.2. Propriedades das tintas à base de água

As principais propriedades de interesse com tintas de base aquosa são viscosidade, tensão superficial, estabilidade da dispersão coloidal, tamanho e forma das partículas de corantes, estabilidade ao cisalhamento, sangramento, espumabilidade, resistência à esfoliação, resistência à água, temperatura do ponto de ebulição, e o pH e viscosidade. As tintas de base aquosa são formuladas para a sua aplicação específica e propriedades ou características. Este é o tipo de processo de impressão em que devem ser utilizadas, o substrato ou superfície em que devem ser impressas, o ambiente a que a tinta será exposta, a textura da tinta, a cor da tinta, etc. [22]

O fluxo de um fluido tem quatro categorias, Newtoniano, não Newtoniano (pseudo plástico), dilatante, e tixotrópico [19]. O fluxo do líquido, onde a viscosidade permanece constante à medida que a força de cisalhamento é aplicada, é chamado fluxo Newtoniano. A água exibe fluxo Newtoniano, enquanto que o líquido que diminui de viscosidade com um aumento do cisalhamento é um exemplo de fluxo Não-Newtoniano ou fluxo pseudoplástico. Quando tanto a viscosidade como o cisalhamento aumentam em conjunto, observa-se um fluxo de Dilatante. O fluxo tixotrópico é caracterizado pela diminuição da viscosidade com um aumento no cisalhamento, que é semelhante ao fluxo pseudoplástico, com a excepção de que o fluxo tixotrópico se aplica no domínio do tempo. O comportamento do fluxo tixotrópico é observado principalmente em tintas de base aquosa. Assim, a viscosidade da tinta diminuirá quando for aplicada uma força de cisalhamento, e quando a força de cisalhamento for removida, a viscosidade voltará ao seu valor anterior [22].

A tensão superficial de uma tinta afecta propriedades tais como a formação de espuma de uma tinta, e a sua molhabilidade. A molhabilidade de uma tinta é a tendência da tinta para se espalhar num substrato ou superfície. A melhor situação para o revestimento de um substrato ocorre quando a energia superficial do substrato é muito maior do que a tensão superficial do líquido que irá revestir o substrato. Este é um problema para as tintas de base aquosa, uma vez que a água tem uma tensão superficial muito elevada de 72 mN/m, quando a maioria das tintas de base solvente tem uma tensão superficial entre 20-35 mN/m, pelo que a tensão superficial da tinta de base aquosa será maior do que a da maioria dos substratos em que será impressa [22].

Para resolver este problema, normalmente será adicionado um tensioactivo, ou a superfície do substrato será modificada através de limpeza ou outro processo, tal como o tratamento corona. Os tensioactivos são as chamadas moléculas "tensioactivas" que contêm tanto uma porção hidrofílica como uma porção hidrofóbica da molécula. A adição de um tensioactivo a uma tinta à base de água terá o resultado de baixar drasticamente a tensão superficial da tinta devido aos efeitos de orientação nas interfaces, causados pela orientação de porções hidrofílicas e hidrofóbicas da molécula do tensioactivo. A adição do tensioactivo tem o efeito de baixar a tensão superficial, mas também acelera a formação de espuma na tinta. Para evitar isto, é necessário adicionar um agente anti-espuma, como sólidos hidrofóbicos, ou ácidos gordos. A estabilidade coloidal da tinta é necessária para conseguir uma impressão de qualidade, bem como para assegurar uma longa duração de conservação da tinta. Sem estabilizar o sistema coloidal da tinta, o pigmento assentaria num curto espaço de tempo, tornando a tinta inútil.

Para estabilizar as tintas à base de água, existem dois métodos: a adição de tensioactivos, e a adição de polímeros, e em alguns casos o sistema coloidal é estabilizado por ambos. A adição de tensioactivo e/ou polímero à tinta à base de água resultará na adsorção do tensioactivo e/ou polímero na interface sólido (pigmento)/líquido. O tensioactivo adsorvido e/ou polímero formará um revestimento sobre o pigmento de várias composições e espessuras que resultará numa repulsão líquida das partículas de pigmento com na tinta causando a sua estabilização. O inconveniente de utilizar um tensioactivo e/ou polímero para estabilizar o sistema coloidal serão os efeitos negativos vistos na aplicabilidade da tinta, especialmente na electrónica impressa e na impressão gráfica ao afectar a sua resistência à cor [22].

No que diz respeito à resistência da cor da tinta, solidez da cor, estabilidade coloidal, viscosidade, bem como muitas outras propriedades, o tamanho e a forma das partículas de corantes são importantes. Quando os pigmentos são utilizados para colorir a tinta, é necessário escolher o tamanho e a forma das partículas a fim de satisfazer os requisitos cruciais da tinta. Quanto menores forem as partículas, mais fácil será para a dispersão estabilizar, e também quanto menores forem as partículas, mais brilhante, saturada, ou mais pronunciada é a cor, razão pela qual o tamanho das partículas do pigmento é importante para a estabilidade coloidal. Uma alteração do pH ou da temperatura da tinta resultará numa alteração da tensão superficial da tinta, da viscosidade da tinta, bem como da estabilidade coloidal da tinta, todas elas indesejáveis. A temperatura e o pH das tintas à base de água devem ser monitorizados durante todo o processo de impressão, uma vez que mesmo uma pequena alteração em qualquer direcção pode causar uma má impressão devido à alteração das propriedades da tinta [22]. O ponto de ebulição ou calor de evaporação da tinta é um factor importante na medida em que dita a quantidade de tempo e a temperatura necessária para secar ou curar a tinta. Uma das dificuldades das tintas de base aquosa deve-se ao facto de a água ter um elevado calor de vaporização.

A água tem um maior calor de evaporação em comparação com outros solventes que são utilizados na indústria das tintas. O tempo e a temperatura necessários para secar ou curar a tinta à base de água são muito mais elevados em comparação com os solventes. Através da utilização de aditivos, muitas das propriedades da tinta podem ser alteradas. Tipicamente, as tintas à base de água não são resistentes à água ou capazes de secar ou curar rapidamente, mas isto pode ser alterado através da adição de ceras para aumentar as propriedades de resistência à água das tintas. A afinação fina da adição de amoníaco e aminas em tintas de base aquosa cuida da resolubilidade da tinta, ou da sua resistência à água.

Vantagens e Desvantagens da Tinta à Base de Água

Devido aos muitos problemas associados às tintas à base de água, estas não foram amplamente utilizadas ou aceites até à década de 1980. Eram utilizadas apenas em superfícies porosas tais como papel ou cartão que exigiam apenas qualidade e detalhe mínimos nas impressões. A utilização de tintas de base aquosa por empresas gráficas exigia a aquisição de novo equipamento e a adopção de novas práticas de impressão. As tintas de base aquosa requerem uma maior capacidade de secagem, só podiam ser utilizadas em determinados materiais e não em metais ou plásticos [23]. As tintas de base aquosa têm muitos problemas como secariam no equipamento de impressão, tais como os rolos ou ecrãs, tinham má qualidade de impressão, má resistência de bloqueio, má resistência à água, má resistência à abrasão, e uma série de outras desvantagens.

As propriedades físicas das tintas de base aquosa melhoraram muito através da descoberta de melhores polímeros e copolímeros acrílicos de emulsão, aditivos como resinas de alto peso molecular, ceras, tensioactivos, e outros materiais. Embora no passado houvesse muitas desvantagens na utilização de tintas à base de água quando comparadas com as outras tintas à base de solventes, estas oferecem agora melhor desempenho, custos de impressão mais baixos, e são uma alternativa menos prejudicial tanto para as pessoas como para o ambiente [22].

1.3.3. Aplicações

As tintas de base aquosa podem agora ser prontamente aplicadas à maioria dos materiais, mesmo plásticos e folhas, através da utilização de técnicas de preparação de superfícies, tais como o tratamento de corona. As tintas à base de água são excelentes em aplicações de impressão envolvendo papel, cartão e têxteis, são mesmo utilizadas para imprimir em folhas, plásticos e embalagens alimentares. Através do desenvolvimento de novos aditivos e processos de impressão, as tintas de base aquosa podem agora ser utilizadas na maioria dos processos de impressão, embora não para litografia offset, e na maioria dos materiais e para muitas aplicações diferentes.

1.3.4. Fabrico de tintas à base de água

O fabrico de tintas de base aquosa é um processo simples de mistura onde os pigmentos, aditivos e veículos são produzidos separadamente. Os pigmentos têm partículas demasiado grandes para serem directamente utilizados no fabrico de tintas. Os pigmentos têm de ser moídos ou moídos a partículas com tamanhos entre as 17h e os 100nm, dependendo da resistência da cor, espessura do revestimento e propriedades de dispersão necessárias. A moagem é auxiliada por resinas de moagem, no caso de tintas de base aquosa que seriam resinas de solução com peso molecular não superior a 15.000. Os agentes molhantes ou tensioactivos são também adicionados como aditivos de moagem/humidificação. Com o misturador de alta velocidade, os pigmentos são misturados com as resinas de escoamento em solvente ou solventes que, no caso de tintas de base aquosa, serão na sua maioria água ou toda a água. A resina de escoamento no caso de tinta à base de água seria resina de emulsão com peso molecular de cerca de 200.000, dependendo da aplicação final da tinta. A resina de emulsão irá transmitir propriedades de formação de película da tinta. Para estabilizar a dispersão coloidal, o tensioactivo e/ou polímero são adicionados e permitem a distribuição uniforme do pigmento. Para completar o processo de fabricação da tinta para tintas prontas a usar, os aditivos são então adicionados ao misturador para alcançar as propriedades desejadas [22].

1.3.5. Formulações de tintas à base de água

Corante, veículo, solvente e aditivos são utilizados na formulação de tintas de base aquosa. Para alcançar as propriedades desejadas da tinta; diferentes pigmentos, aditivos e veículos são utilizados em diferentes combinações e quantidades. Para as tintas de impressão à base de água, estas terão tipicamente uma composição de 60% água/outros solventes, 20% resina, 15% corante, e 5% aditivos. O veículo é referido a todos os componentes da tinta, excepto o corante. Tradicionalmente, a química acrílica é utilizada na moagem (dispersão) de pigmentos e polímeros de emulsão de "let-down" que se somam para terminar a formulação da tinta à base de água. No caso das tintas à base de água flexográfica, são normalmente utilizados polímeros acrílicos à base de petróleo. Além disso, os polímeros acrílicos são utilizados numa variedade de aplicações, tais como as indústrias automóvel, de dispositivos médicos, de tintas e de adesivos. Muitas vezes, a indústria de tintas tem de competir com outras indústrias por polímeros acrílicos, o que a torna um processo dispendioso e demorado. Eles não se biodegradam, o que é inaceitável do ponto de vista da sustentabilidade. Assim, há necessidade de procurar a aplicação de polímeros biodegradáveis para tintas de base aquosa, e uma das soluções possíveis parece ser a utilização de proteína de soja.

1.4.O que é um grão de soja?

A soja é uma leguminosa com baixo teor de gordura saturada e sem colesterol. Foi introduzida nos Estados Unidos em 1765 e utilizada tanto para aplicações alimentares como industriais. A soja é composta por oito aminoácidos vitais e é conhecida por ser uma boa fonte de fibras, ferro, cálcio, zinco e vitaminas. As sementes de soja incluem cerca de 40% de proteínas e 20% de óleo. São também conhecidos por conterem três surfactantes naturais: proteína de soja, lecitina de soja, e saponina de soja. As proteínas de soja são obtidas através da extracção de óleo de soja. Elas formam o subproduto que permanece após a remoção dos cascos e do óleo dos flocos [24, 25].

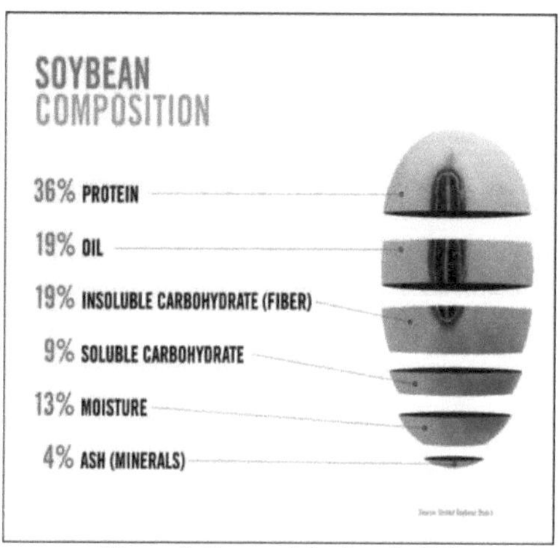

Figura 7. Composição da soja [26]

O óleo de soja é conhecido como um óleo vegetal, não tóxico, amplamente utilizado na cozinha e em produtos alimentares, tais como a maionese. É originário de fontes renováveis; está disponível a um preço razoável, pelo que pode ser um bom candidato para o fabrico de tintas. A tecnologia é conhecida pela produção de veículos de tinta de impressão à base de óleo vegetal com características comerciais favoráveis. As tintas que são formuladas com estes veículos são utilizadas para aplicações litográficas de papel de jornal [27]. Uma quantidade ligeiramente reduzida de teor de pigmento, devido à cor do veículo leve à base de óleo de soja, é a razão pela qual as tintas de óleo de soja podem ser uma alternativa a preços competitivos às tintas à base de petróleo [28]. O óleo de soja é misturado com resinas, pigmentos e ceras para formular à base de óleo de soja para tinta litográfica de conjunto frio. A nível mundial, existem cerca de dez mil impressoras de jornais que utilizam tinta à base de óleo de soja. A procura crescente deste tipo de tinta tem lugar nos EUA, Ásia, Europa e Austrália [29, 30]. Como mencionado acima, o aumento do consumo de tinta de soja reduz a poluição ambiental, devido à baixa quantidade de compostos orgânicos voláteis (COV) presentes nas tintas de soja. Como sabemos, cada processo de impressão específico requer um tipo diferente de tinta, pelo que os investigadores procuram fazer a tinta de soja da melhor qualidade para cada tipo de processo de impressão. Uma vez que o óleo de soja se mistura facilmente com pigmentos, a tinta de soja resulta em cores mais profundas e brilhantes, o que resulta numa melhor qualidade de impressão litográfica em geral. A remoção de tintas à base de soja é mais fácil do que a tinta à base de petróleo nos processos de destintagem. Isto resulta em menos danos nas fibras de papel, que são recicladas e reutilizadas [31].

A tinta de soja é mais estável durante a impressão, o que leva a menos desperdício em comparação com as tintas convencionais à base de petróleo. Há também várias desvantagens na utilização de tintas de soja, tais como tempos de secagem mais longos em comparação com as tintas litográficas convencionais à base de petróleo (especialmente para papéis revestidos). Esta diferença pode causar alguns problemas de impressão lateral, tais como manchas e hemorragias, o que as torna inadequadas para embalagens de alimentos e tintas de esferográficas [31].

As proteínas de soja existem em três formas principais: farinhas de soja, concentrados de proteínas de soja e isolados de proteínas de soja. A farinha de soja é feita por moagem da soja e contém cerca de 50-59% de proteína. O concentrado proteico de soja é feito através da remoção da parte líquida aquosa da soja e contém aproximadamente 65-72% de proteína. O isolado proteico de soja é feito a partir da farinha de soja desengordurada, removendo os hidratos de carbono solúveis em água do feijão. É a forma mais refinada de proteínas de soja e contém 90% de proteína [24, 25]. A proteína de soja tem sido popular desde 1936 devido às suas grandes propriedades funcionais. É utilizada numa variedade de alimentos, tais como molhos para saladas, sobremesas congeladas, pães, e cereais de pequeno-almoço; também pode ser utilizada como emulsionante polimérico natural, agente espumante, e melhorador de textura. Os outros produtos industriais que utilizam proteína de soja incluem adesivos, asfaltos, resinas, materiais de limpeza, cosméticos, tintas, tintas, plásticos, poliésteres e fibras têxteis [31]. A aplicação básica de proteína de grau industrial é como aglutinante no revestimento de papel. As proteínas são construídas por reacção de condensação de monómeros de aminoácidos e criam ligações de peptídeos. As moléculas de água são libertadas como resultado da reacção de condensação entre aminoácidos (Figura 8) [32].

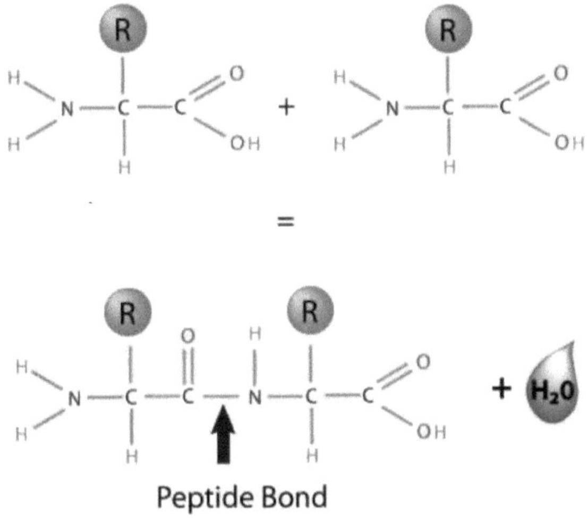

Figura 8. Formação de ligação de peptídeo [33]

A proteína de soja tem uma forma 3-D complexa e contém 19 aminoácidos diferentes, que são mantidos juntos numa estrutura enrolada por ligações de peptídeos. As figura 9 e figura 10 mostram a estrutura de aminoácidos e proteínas.

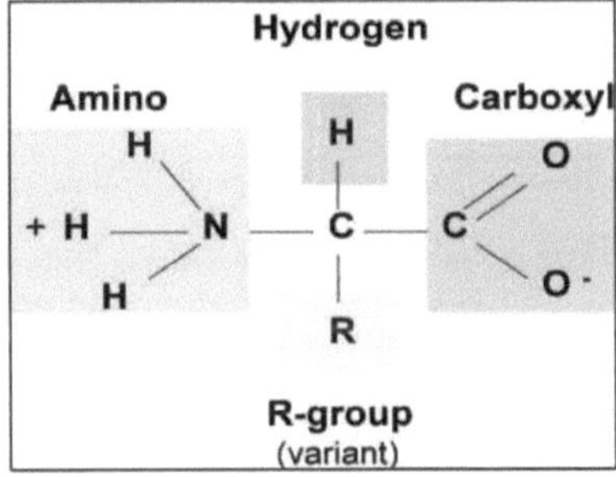

Figura 9. Aminoácido [34]

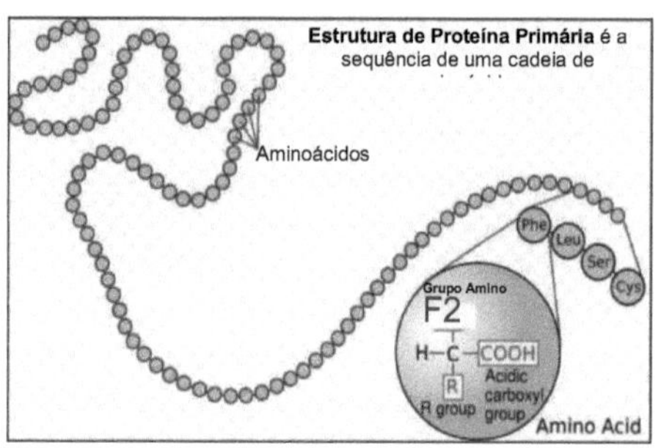

Figura 10. Estrutura proteica [34]

As proteínas contêm grupos funcionais positivos e negativos, o que lhes permite alcançar um ponto isoeléctrico. Os grupos amino, carboxil, hidroxil, fenil e sulfidrilo são os principais blocos de construção da proteína de soja [32].

A proteína de soja é utilizada principalmente em revestimentos de papel. No entanto, a sua utilização na indústria gráfica está no seu início. Não se conhece uma produção comercial de tintas à base de água à base de proteína de soja para impressão por flexografia, e por isso, é o tema deste trabalho [35, 36]. O produto à base de soja utilizado nesta pesquisa é quimicamente e um polímero termo-mecanicamente processado, concebido para ser um ligante funcional, consistente e de baixo custo para tinta à base de água. É amigo do ambiente, não nocivo e renovável. Pode ser depositado em qualquer tinta como solução ou disperso como pó em pigmento antes de ser disperso. As vantagens foram relatadas como resistência superior ao calor, resistência à raspagem da tinta em cartão canelado pré-impresso, melhor ângulo de deslizamento, excelente solubilidade da tinta, maior duração da prensa, melhor qualidade de impressão, limpeza mais fácil da prensa, densidade de carga anfotérica controlada, interacção adequada com pigmentos de cor, boas propriedades de transferência de tinta e boa resistência da cor.

CAPÍTULO II
DECLARAÇÃO DE PROBLEMA

Solução acrílica e polímeros de emulsão e os seus vários copolímeros são amplamente utilizados em formulações de tinta à base de água. As tintas flexográficas à base de água são formuladas com vários polímeros acrílicos e copolímeros servindo como solução e resinas de emulsão para moer e dispersar pigmentos e criar películas de tinta, e conferir propriedades necessárias tais como reologia, aderência, ou resistência à fricção. A indústria gráfica sente por vezes escassez destes polímeros acrílicos, com preços mais elevados associados. O objectivo deste projecto é determinar se uma determinada proteína de soja (ProSoy 7475) pode ser utilizada para substituir parcialmente as resinas acrílicas (AC0073) em tintas flexográficas à base de água, principalmente na porção da tinta que deixa cair, substituindo assim principalmente as resinas de emulsão, responsáveis pela formação de película, para criar tintas mais amigas do ambiente, com o objectivo não só de reduzir a poluição ambiental, mas também de criar uma tinta com melhor sustentabilidade e capacidade de impressão.

CAPÍTULO III

EXPERIMENTAL

Na FASE 1; foi realizada a formulação de tinta acrílica à base de água comercial. Esta tinta acrílica, que é utilizada no processo de flexografia, foi formulada utilizando PB 15-44 (dispersão de pigmento ciano) e os seus parâmetros de impressão tais como densidade óptica, valores de cor CIE L*a*b*, resistência à fricção, teste de queda de água, teste de espuma, estabilidade de pH & viscosidade foram estudados.

Na FASE 2; foi realizada a formulação de veículos de soja. O objectivo era preparar a formulação do veículo SOY utilizando ProSoy 7475 Protein em pó e comparar o seu pH & viscosidade com o veículo de tinta acrílica comercial (AC0073) fornecido pela American Inks & Technology, ltd.

Na FASE 3; o veículo de soja (ProSoy7475) foi misturado em formulação de tinta acrílica comercial nos incrementos de 0-20-40-60-80 wt. % até 100% veículo de soja. O veículo acrílico AC0073 foi utilizado e os resultados das duas FASES 1 e 3 foram comparados.

3.1. Materiais

A Proteína de Soja (ProSoy 7475) foi fornecida pela empresa ARRO. Foi obtida uma dispersão de pigmento de ciano da empresa American Inks & Technology Ltd. Company, sob o nome comercial "PB 15-44". Outros materiais que foram utilizados nesta pesquisa foram também fornecidos pela mesma empresa. O quadro 1 apresenta as propriedades físicas e químicas da ProSoy 7475. O quadro 2 dá as propriedades físicas e químicas das dispersões de pigmentos.

Quadro 1. Propriedades físicas e químicas do pó ProSoy 7475

Dry Appearance:	Off White to Tan Granular Powder
Solution Color:	Opaque Light Brown
Bulk Density	672 Kg/m³
Moisture	15% Max.
Solution Solids	20%
Particle size	<5% (325 Mesh)

Quadro 2. Propriedades físicas e químicas da dispersão de pigmentos (PB15-44)

Appearance	Blue Liquid
pH	8-10
Solubility in Water	Miscible
Specific Gravity (g/cm³)	1.11
Viscosity (cP) - Centipoise)	15-25

Outros materiais como IPA, Desespumante (FC-613), Verniz Acrílico (AC0073), Cera, Amónia (NH4OII) são utilizados.

3.2. Instrumentação

Após a formulação das tintas, foram analisadas para várias propriedades de imprimibilidade, tais como: densidade óptica, pH & Viscosidade, Resistência à Rub/ Scuff, valores CIE L*a*b*. A densidade óptica e os valores CIE L*a*b* da impressão foram medidos com um Spectrodensitometer eXact e Spectrodensitometer X-Rite 530 (Figura 11). Os valores CIE L*a*b* definem um espaço de cor tridimensional no qual os valores de L*, a*, e b* são concebidos em ângulos rectos uns aos outros para formar um sistema de coordenadas tridimensionais . Distâncias iguais no espaço denotam aproximadamente a mesma cor diferenças. O valor L* significa leveza, o valor a* significa o eixo vermelho/verde, e o valor b* significa

o eixo gritante/azul [37].

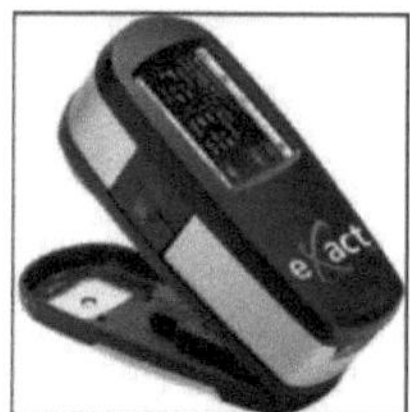

Figura 11. Spectro-densitómetro X-Rite (eXact)

A prova manual Flexo Anilox inclui a caixa, um rolo de transferência de borracha e um rolo de

anilox gravado mecanicamente, (com uma Largura de Caminho de 4-3/4") mostrado na Figura 12. A

prova manual dá-lhe mais opções - para testes em polietileno, celofane, glassine, folhas metálicas,

películas plásticas, papel e cartão. Além disso, o que se vê na prova é o que se vai imprimir na imprensa.

Uma vez que os rolos de prova estão disponíveis numa gama completa de ecrãs para duplicar os seus

requisitos de impressão, pode fazer quaisquer alterações na tinta ou no ecrã antes de chegar à sala de

imprensa!

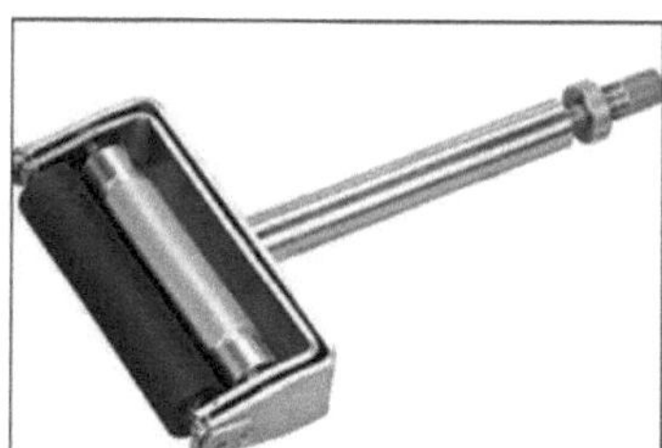

Figura 12. Impermeabilizador manual Flexo anilox com resolução anilox de 200 lpi

3.3. Procedimentos experimentais

3.3.1. Fase 1: Formulação da tinta acrílica

A formulação da tinta acrílica à base de água prossegue de acordo com a directriz apresentada no

Quadro 3. Uma tinta acrílica comercial à base de água para tinta flexográfica foi formulada de acordo

com o peso da fórmula utilizada na formulação da tinta comercial utilizando o veículo acrílico AC0073

(Tabela 3). pH & Viscosidade notado como pH - 9,1 & Viscosidade foi medido como tempo de efluxo -

no copo Zahn 2 com temperatura controlada a 76° Celsius, o tempo de efluxo foi de 25 segundos.

Quadro 3. Fórmula de tinta à base de água comercial Flexo

Acrylic Ink Formulation using AC 0073 Vehicle		
Material	Weight in gm	Purpose
Pigment Dispersion PB-15-44	43.50	Provides Color
H_2O (DI water)	07.00	Carries Pigment to the Substrate
Acrylic Varnish (AC 0073)	48.10	Holds pigment on substrate
WAX (AIT-PE-35)	01.00	Provides elasticity
Defoamer (FC-613)	00.40	Controls foaming issues
Total weight	100.00	

3.3.2. Fase 2: Formulação do Veículo de Soja

Na segunda fase do projecto, foi realizada uma experiência de formulação de veículos de soja utilizando Proteína de Soja em pó (ProSoy 7475) e foi caracterizada a formulação final. O veículo comercial (AC0073) foi utilizado como alvo na Fase 3 como verniz acrílico comercial. Preparação de uma solução à base de água ProSoy 7475: Existem quatro variáveis-chave que afectam a taxa ou grau de solubilidade do ProSoy. O aumento da taxa ou grau de solubilização é observado com níveis crescentes da seguinte variável: temperatura, pH, taxa de cisalhamento e tempo. O nível de sólidos pode ser ajustado conforme desejado. Será alcançada uma limitação de sólidos devido ao aumento da viscosidade da solução com sólidos mais elevados. Um nível de sólidos de ~20% para ProSoy 7475 é um bom ponto de partida. Os sólidos mais altos ou mais baixos podem ser avaliados conforme desejado.

Quadro 4. Formulação do veículo de soja

Material	Parts
Water	80
ProSoy	15
Amine (For pH Adjustment)	0.4 to 1.0
Isopropyl Alcohol	4
Biocides	As Needed
Antifoam	As Needed

A água foi aquecida à temperatura de cozedura desejada, que é tipicamente de 60° a 76° Celsius. Depois, adicionou-se água com amoníaco a 27% de concentração na formulação sob agitação (a gama típica de pH da solução final deve ser de 9,0 a 10,5). ProSoy foi adicionado sob boa agitação, de tal forma que o pó é imediatamente puxado para baixo da superfície e molhado para fora. A agitação com um misturador vortex foi mantida durante 40 minutos à temperatura de cozedura desejada (60° C). Outros ingredientes da formulação foram adicionados sob agitação à solução proteica.

Quadro 5. Ensaios de formulação de veículos de soja (peso da fórmula em gm)

Vehicle Formulation using ProSoy 7475 @ 76⁰ Celsius				
Material (gm)	Standard	Trial 1	Trial 2	Trial 3
ProSoy 7475	15	25	15.4	15.6
Water (DI Water)	80	67.4	80	78.45
Ammonia (27%)	0.6	0.6	0.4	1.6
IPA	4	6.6	4	4.1
Defoamer (FC-613)	0.4	0.4	0.2	0.25
Total Weight (gm)	100	100	100	100

Para minimizar as variações; o pH e a viscosidade foram mantidos os mesmos que para a mistura do veículo acrílico AC0073. O verniz de soja foi formulado utilizando a proteína em pó ProSoy 7475 de acordo com a ficha técnica (MSDS & SDS) fornecida pela ARRO e de acordo com a Tabela 5. Após quatro ensaios; a formulação final do veículo à base de água utilizando a Proteína ProSoy 7475 foi desenvolvida e é dada no Quadro 5. Estas formulações foram observadas durante um período de cerca de vinte dias para a estabilização do pH e da viscosidade.

3.3.3. Fase 3: Aumento do veículo de soja (ProSoy 7475) Adição ao veículo acrílico (AC0073) Usando a formulação de tinta acrílica à base de água comercial

Porção da formulação da tinta foi substituída por polímeros de soja (ProSoy 7475), fazendo-o em incrementos de 20-40-60 até 100% (Tabela 6) substituição da resina de emulsão acrílica (AC0073). A tinta de cor de processo ciano formulada foi testada quanto à capacidade de impressão, reologia e propriedades de utilização final, tais como resistência à fricção, e aderência.

Quadro 6. Formulação de tinta acrílica à base de água (peso da fórmula em gm)

Acrylic Ink Formulation with ProSoy 7475 vehicle increments inks							
Material	Standard	Ink 1	Ink 2	Ink 3	Ink 4	Ink 5	Ink 6
PB-15-44	43.5	43.5	43.5	43.5	43.5	43.5	43.5
H_2O (DI water)	7	7	7	7	7	7	7
Varnish (AC 0073):(ProSoy 7475)	48.1	100 : 0	20:80	40:60	60:40	80:20	0:100
WAX (AIT-PE-35)	1	1	1	1	1	1	1
Defoamer (FC-613)	0.4	0.4	0.4	0.4	0.4	0.4	0.4
Total weight	100	100	100	100	100	100	100

CAPÍTULO IV

RESULTADOS E DISCUSSÃO

4.1. pH e Viscosidade

As tintas de base aquosa podem mudar de viscosidade ao longo do tempo, o que pode ser causado por alterações no pH. Assim, o assentamento significa um aumento da viscosidade e uma diminuição do pH ao longo do tempo, dependendo dos tipos de resinas e pigmentos utilizados. Aqui, a duração do tempo foi tomada do primeiro ao sessenta dias para verificar o pH e a viscosidade da tinta acrílica e da tinta para veículos de soja. Como mostra a Figura 13, o valor do pH da tinta acrílica varia de 8,9 a 9,1 e a viscosidade varia de 25 a 26 s medidos como tempo de efluxo no copo Zahn #2. Enquanto que no veículo de soja os incrementos do pH são diferentes para diferentes incrementos de percentagens de veículos de soja. O exemplo pode ser o seguinte: para 20% de adição de soja, o pH mudou de 9,1 para 9,2, a 40% de adição do veículo de soja o pH variou de 8,9 para 9,1, a 60% de pH do veículo de soja mudou de 8,8 para 9,0, a 80% de pH de adição de soja foi encontrado no intervalo de 8,7 para 9,0 e a 100% de pH do veículo de soja medido variou de 8,9 para 9,1. Quando comparado com a diferença de pH entre veículo de tinta acrílica e veículo de soja, o pH da tinta é quase insignificante e dentro da gama esperada.

A viscosidade da tinta acrílica varia de 25mPa a 27mPa, enquanto que a viscosidade da tinta para veículos de soja depende das percentagens de veículos de soja, e varia de 26mPa a 28mPa. Notou-se que a viscosidade da tinta acrílica é quase constante ao longo do tempo, enquanto que a viscosidade da tinta veicular da soja mostrou pouco aumento com a adição e o tempo do veículo de soja.

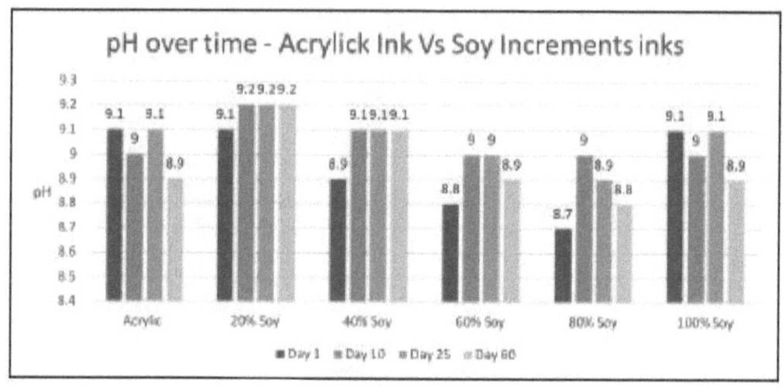

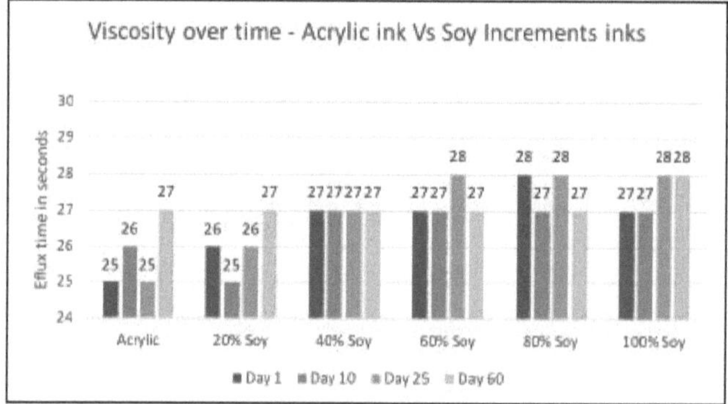

Figura 13. pH e viscosidade (tinta acrílica vs incrementos de ProSoy7475)

4.2. Densidade Óptica

A densidade óptica refere-se a um número computorizado que representa a capacidade de um material transmissivo de bloquear a luz, ou a capacidade de uma superfície reflectora de absorver a luz. Quanto mais luz é bloqueada ou absorvida, mais alta é a densidade. Aqui, a densidade óptica foi medida com um espectrodensitómetro X-Rite 530. O instrumento foi calibrado antes de se proceder à medição da densidade. A densidade óptica da tinta acrílica a 100% de tom foi variada de 1,26 a 1,29, enquanto que a densidade óptica dos incrementos de veículo de soja variou de 1,24 a 1,27 no mesmo passo de tom. Esta diferença foi muito mínima ou pode dizer-se que não houve diferença significativa na tinta acrílica à base de resina e na tinta à base de veículo de soja a 100% de tonalidade (Figura 14).

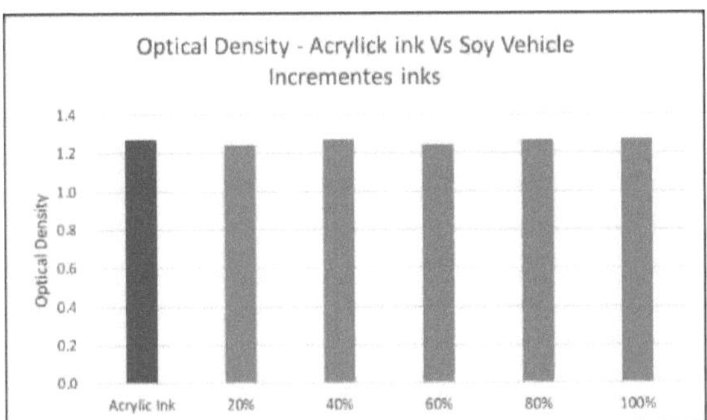

Figura 14. Densidade óptica (tinta acrílica vs incrementos de ProSoy 7475) a 100% de tonalidade (percentagem média da quantidade de polímero de soja na porção de tinta deixada para baixo)

4.3. CIE L*a*b* medição de cor

Um espaço de cor CIE L*a*b* é um espaço de cor-oponente com dimensões L* para a leveza e a* e b* para as dimensões cor-oponente de vermelho-verde e amarelo-azul, baseado em coordenadas não lineares comprimidas (por exemplo, CIE XYZ). A terminologia tem origem nas três dimensões do espaço de cor Hunter 1948, que são L*, a*, e b*. Existem algumas formas populares de comparar matematicamente as cores, mais notadamente CIE76. CMC l:c é outro método deste tipo que foi concebido em 1984 pelo Comité de Medição de Cores da Sociedade de Tintureiros e Coloristas com base no modelo de cor Lch. Este método incorpora limiares que permitem aos utilizadores ponderar a diferença com base na relação entre a leveza e o croma que é aplicável à tarefa em questão. Os rácios mais comuns são 2:1 para "aceitabilidade" e 1:1 para o limiar de "imperceptibilidade". Os valores AE (CMC2:1) foram calculados tomando os valores CIE L* a* b* da cor padrão Cyan nos substratos. Quando as coordenadas de cor da tinta acrílica CIE L*a*b* e soja CIE L*a*b* foram comparadas em passo de 100% de tom ciano, a diferença nos valores de L*a*b* foi muito mínima ou quase não se notou diferença (Figura 15).

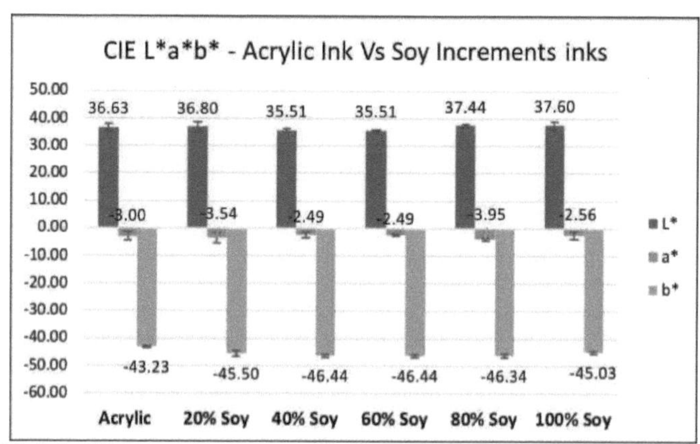

Figura 15. Medição CIE L a* b* (tinta acrílica vs incrementos de ProSoy 7475) em passo de tom 100% ciano*

4.4. Diferença de cor Delta E (AE)

O Delta E (AE) é definido como a diferença entre duas cores num espaço de cor CIE L*a*b*. Como os valores determinados se baseiam numa fórmula matemática, é importante qual é o tipo de fórmula de cor a ter em conta na comparação dos valores. Só no Verificador de Cor, existem três fórmulas diferentes à escolha, cada uma produzindo resultados diferentes [38].

Delta E (CMC) O método da diferença de cor do Comité de Medição de Cor (o CMC) é um modelo que utiliza dois parâmetros l e c, tipicamente expressos como CMC(l:c). Os valores comummente utilizados para a aceitabilidade são CMC(2:1) e para a perceptibilidade são CMC(1:1). A fórmula CIE L*a*b* utilizada no mercado de provas calcula a distância Euclidiana, ou seja, puramente a distância entre dois pontos num espaço de cor tridimensional. A posição real dos pontos em si é irrelevante. Valores AE mais elevados significam que as cores estão mais afastadas dos valores de cor originais e vice-versa. A diferença de cor, ou AE, entre uma cor de amostra (L2, a2, b2) e uma cor de referência (L1, al, bl) A fórmula para AECMC é a seguinte ("CIE L*a*b Escala de Cor") como na Equação 1:[38]

$$\Delta E^*_{CMC} = \sqrt{\left(\frac{L^*_2 - L^*_1}{lS_L}\right)^2 + \left(\frac{C^*_2 - C^*_1}{cS_C}\right)^2 + \left(\frac{\Delta H^*_{ab}}{S_H}\right)^2}$$

$$S_L = \begin{cases} 0.511 & L^*_1 < 16 \\ \frac{0.040975 L^*_1}{1+0.01765 L^*_1} & L^*_1 \geq 16 \end{cases} \quad S_C = \frac{0.0638 C^*_1}{1 + 0.0131 C^*_1} + 0.638 \quad S_H = S_C(FT + 1 - F)$$

$$F = \sqrt{\frac{C^{*4}_1}{C^{*4}_1 + 1900}} \quad T = \begin{cases} 0.56 + |0.2\cos(h_1 + 168°)| & 164° \leq h_1 \leq 345° \\ 0.36 + |0.4\cos(h_1 + 35°)| & \text{otherwise} \end{cases}$$

Equação: (1)

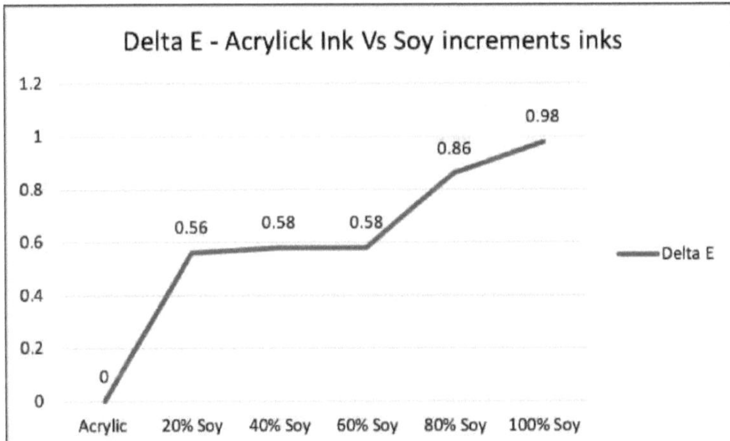

Figura 16. AE (tinta acrílica vs incrementos de ProSoy7475) a 100% cian tone step

A AE calculada para tinta acrílica e tinta verniz de soja estava dentro da gama de AE =1 (Figura 16-21), que está abaixo da diferença de cor aceitável de AE 2 na indústria gráfica [38]. Observou-se que os aumentos do verniz de soja até 100% resultam numa mudança de cor abaixo de AE=1, o que indica que a diferença não pode ser identificada pelo olho humano. O verniz de soja está a fazer com que a tinta reflicta mais azul, pelo que a maior mudança para o lado azul é observada na tinta 100% ciano veículo de soja.

Comparação de cores para CIE L* a* b* & Valores Delta E

A figura 17-21 mostra a comparação de cores para tinta acrílica a 100% cian tone step versus incrementos de veículo de soja introduzido no mesmo. Esta comparação foi feita utilizando o software ColorCert, onde em definições utilizadas no mesmo foi a seguinte: Espaço de cor = CIE L* a* b*, Método = AE cmc (2:1), Iluminação = D50, Observador = 2º e Filtro = sem filtro.

Primeiro, a tinta acrílica a 100% de tom ciano foi medida e definida como padrão e comparada com 20%-40%-60%-80% e 100% de incrementos de veículo de soja (ProSoy 7475) em tinta acrílica, como mostrado na Figura 17-21.

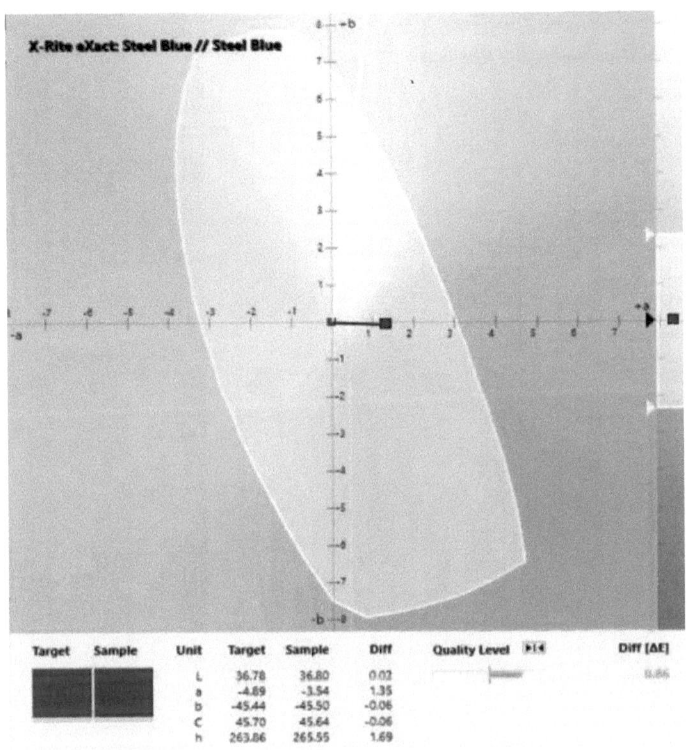

Figura 17. Tinta 1 (acrílica) vs tinta 2 com acrílico : comparação de verniz de soja (80:20) a 100% de cian tone step

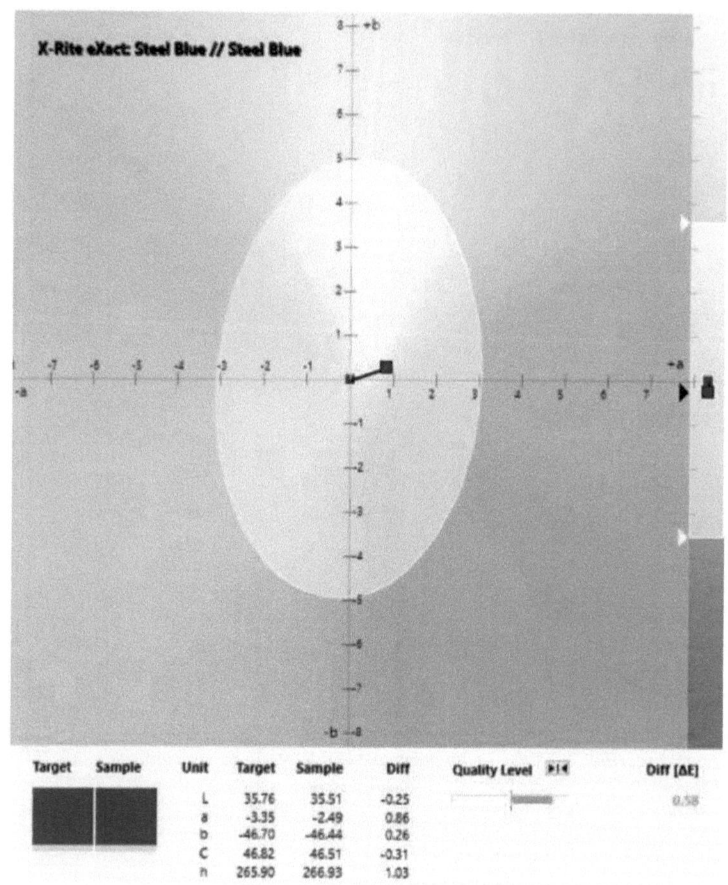

Target	Sample	Unit	Target	Sample	Diff	Quality Level	Diff [ΔE]
		L	35.76	35.51	-0.25		0.58
		a	-3.35	-2.49	0.86		
		b	-46.70	-46.44	0.26		
		C	46.82	46.51	-0.31		
		h	265.90	266.93	1.03		

Figura 18. Tinta 1 (acrílica) rs tinta 3 com acrílico:soja (60:40) comparação a 100% cian tone step

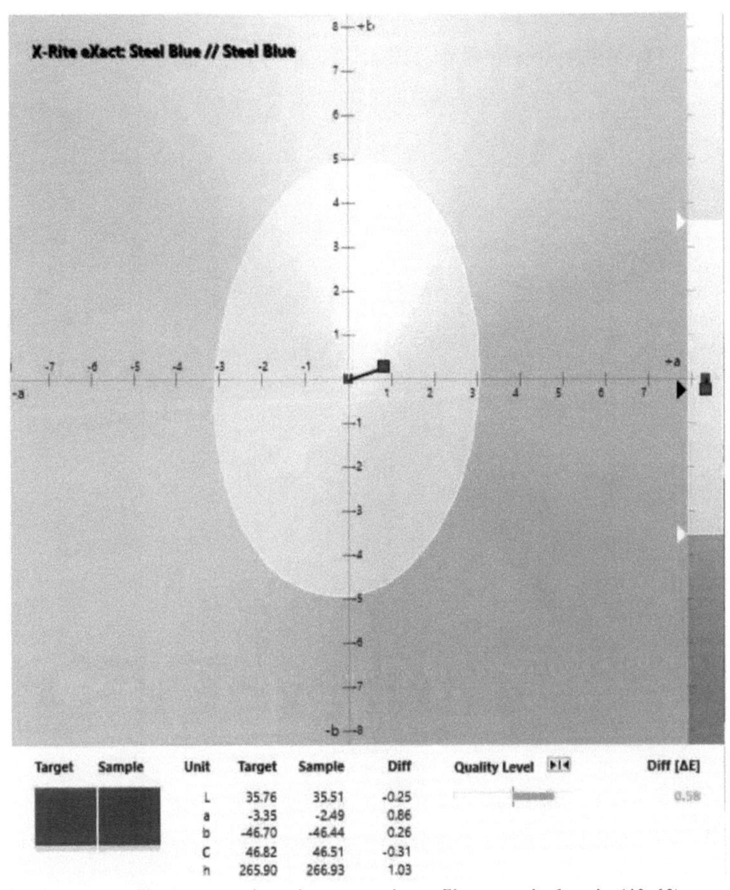

Figura 19. Tinta 1 (acrílica) versus tinta 4 com verniz acrílico :verniz de soja (40:60) comparação a 100% cian tone step

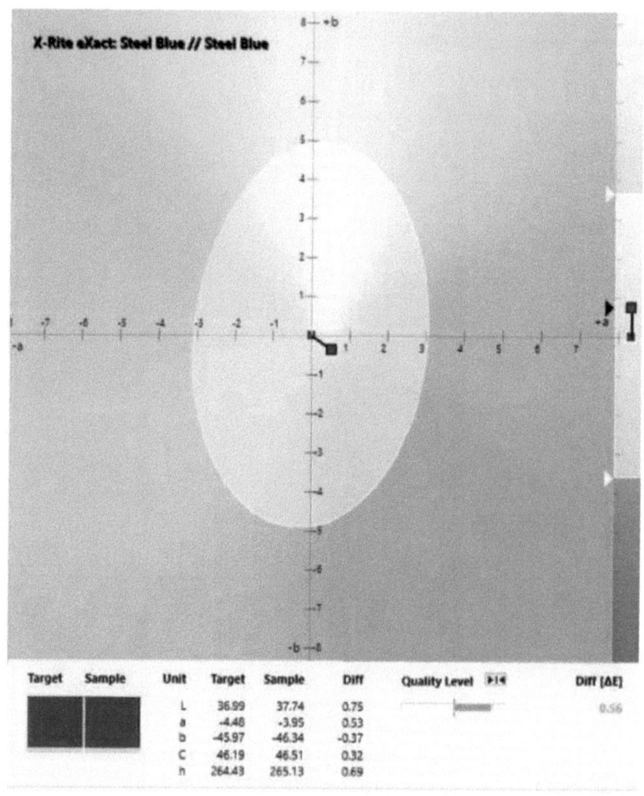

Target	Sample	Unit	Target	Sample	Diff	Quality Level	Diff [ΔE]
		L	36.99	37.74	0.75		0.56
		a	-4.48	-3.95	0.53		
		b	-45.97	-46.34	-0.37		
		C	46.19	46.51	0.32		
		h	264.43	265.13	0.69		

Figura 20. Tinta 1 (acrílica) versus tinta 5 acrílica :verniz de soja (20:80) comparação a 100% passo de tom ciano

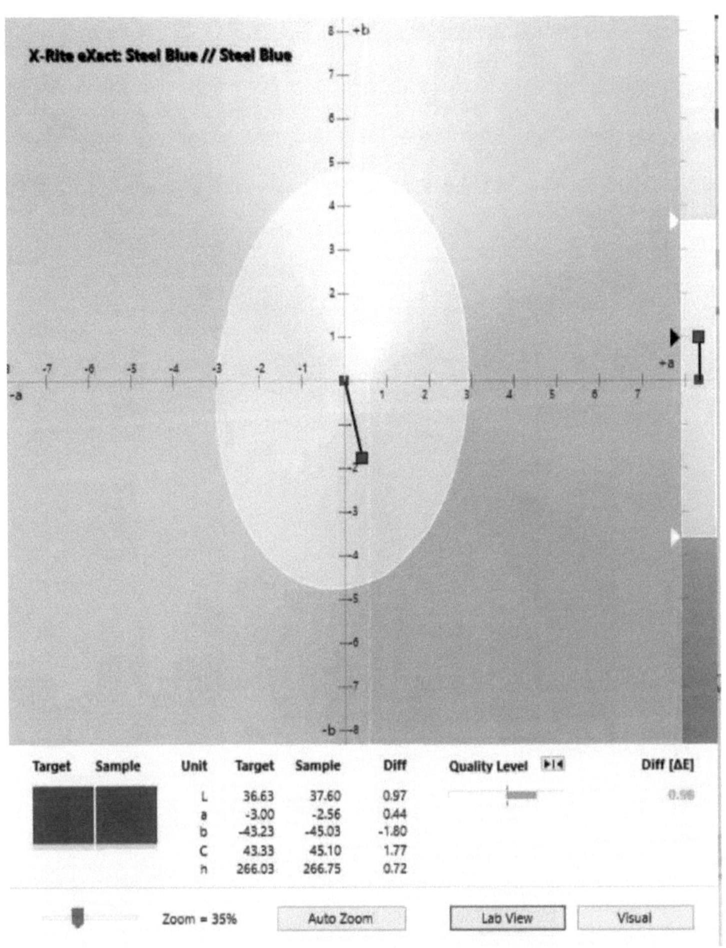

Target	Sample	Unit	Target	Sample	Diff	Quality Level	Diff [ΔE]
		L	36.63	37.60	0.97		0.98
		a	-3.00	-2.56	0.44		
		b	-43.23	-45.03	-1.80		
		C	43.33	45.10	1.77		
		h	266.03	266.75	0.72		

Figura 21. Tinta 1 (acrílica) versus tinta 6 acrílica : comparação de verniz de soja (0:100) a 100% cian tone step

A figura 22 mostra a ligeira diminuição dos níveis de sólidos das tintas quando os incrementos de veículo de soja são introduzidos no veículo de tinta acrílica. Isto poderia ser causado por uma maior higroscopicidade da proteína de soja do que do polímero acrílico, mas provavelmente o conteúdo de sólidos poderia ser ajustado com maior precisão após tentativas adicionais. Na Figura 23, as interacções da luz com as partículas no filme de tinta sugerem que o ângulo de luz reflectida muda dependendo dos níveis sólidos nas amostras de tinta, explicando a razão da mudança de cor nas amostras de tinta que foi observada nas Figuras 17-21 [39]. A razão estaria relacionada com a dependência do comprimento de onda do índice de refracção do veículo acrílico versus as amostras que contêm os incrementos do veículo de soja. O índice de refracção pode também estar a mudar com veículo diferente e a provocar a mudança para a região azul.

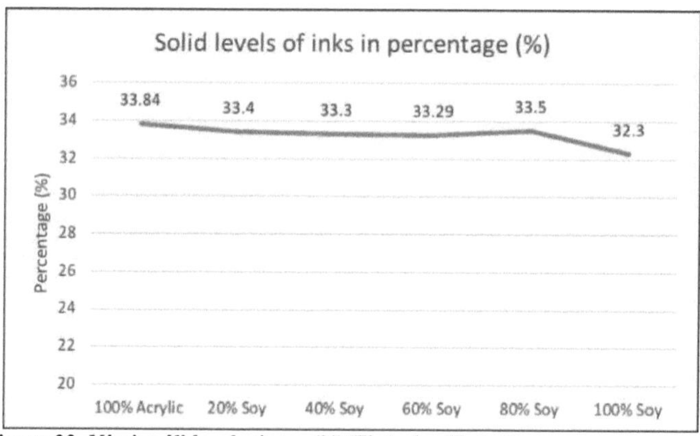

Figura 22. Níveis sólidos de tintas (%)(Tinta 1 a Tinta 6)

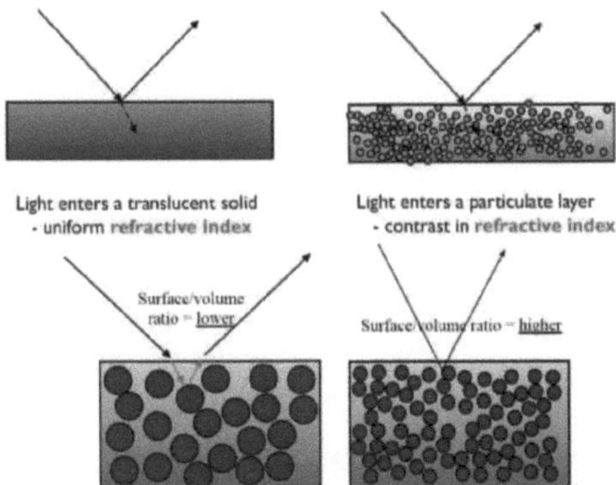

Figura 23. Interacção da luz com vários materiais particulados [40]

4.5. Resistência da borracha

Um testador de fricção de tinta avalia a resistência à fricção ou à raspagem das superfícies impressas através da simulação de danos por abrasão típicos do campo. Para a resistência à fricção, utiliza-se o teste de fricção Sutherland. A tira impressa de 2x7 in foi utilizada para teste com carga de bloco de 4lb de peso e 60 ciclos. A classificação foi feita de fraca a excelente resistência à fricção na escala de 0 a 5, respectivamente. Como mostrado na Figura 24, a tinta acrílica mostrou 5 significa uma excelente propriedade de resistência à fricção em comparação com 20%, 40% e 60% de incrementos de veículo de soja a tinta acrílica enquanto, 80% e 100% de tinta de veículo de soja também mostraram uma excelente resistência à fricção semelhante à tinta acrílica a 100% (Figura 24). Não há nenhuma explicação particular para isto, excepto que poderia ser possível que a soja e o veículo acrílico não se unissem tão fortemente como os polímeros acrílicos por si só ou o polímero de soja por si só poderiam. Assim, pode ocorrer menor compatibilidade entre o polímero acrílico e o polímero de soja. Além disso, é possível que algumas draw-downs tenham sido menos uniformes, levando a estes resultados.

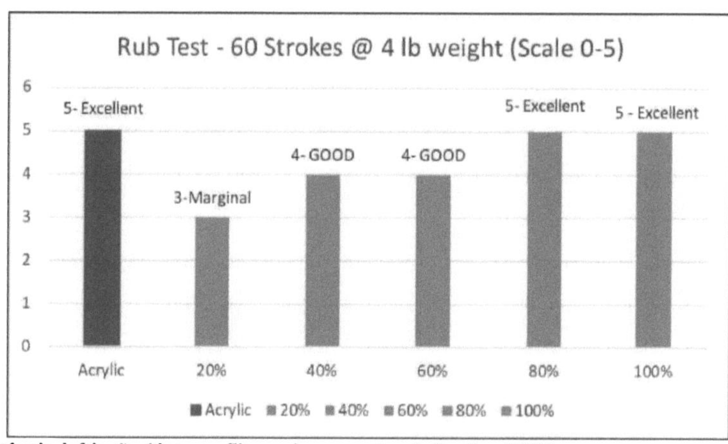

Figura 24. Resistência à fricção (tinta acrílica vs incrementos de ProSoy 7475)

4.6. Teste de queda de água

Foi efectuado um teste de queda de água para verificar a interacção da tinta com a água no substrato ao longo do tempo, tanto em tinta acrílica a 100% como em tinta veículo de soja a 100% de incremento. A duração do teste variou entre 10 segundos e 120 segundos, com o intervalo de tempo de 10 segundos até 60 segundos, e depois disso foi testada durante 120 segundos. Os resultados foram classificados da mesma forma que o teste de resistência à fricção em escala de 0 a 5 (Figura 25).

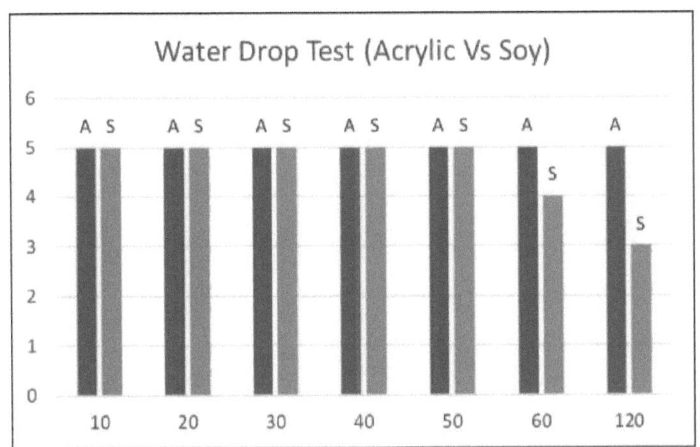

Figura 25. Teste de queda de água (tinta acrílica vs incrementos de ProSoy7475)

A tinta acrílica mostrou uma excelente resistência à água no teste de queda de água para todas as durações de tempo testadas. A tinta contendo 100% de veículo de soja mostrou resultados 60 segundos e 120 segundos piores em comparação com a tinta acrílica.

4.7. Teste de aderência da fita 3M

O teste de aderência da fita de acordo com a norma ASTM F2252-03 requer apenas fita de 0,75-1,0" de largura 3M #610 para o teste de aderência da fita para tintas de base aquosa. Para realizar o teste, foi utilizada a fita de 3M #610. A fita foi aplicada sobre a superfície impressa e removida, retirando-a da superfície da película de tinta. Se a tinta se colar à fita e for descascada, o teste de aderência da fita falhou.

A tinta acrílica mostrou um excelente resultado no teste da fita 3M. As tintas com aumentos de 20% e 40% nos veículos de soja também mostraram uma excelente aderência da fita. Tintas com 60-100% de veículo de soja tiveram um desempenho ligeiramente mais fraco. Apresentaram menor aderência do que a tinta acrílica, e o seu desempenho baixou para o nível 4 (Figura 26).

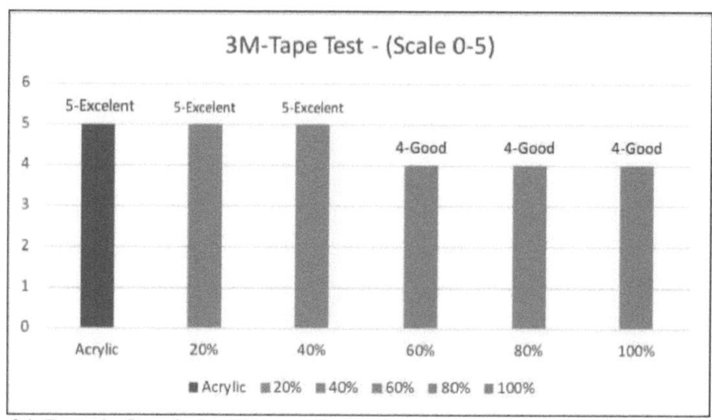

Figura 26. Teste da fita adesiva (tinta acrílica vs incrementos de ProSoy7475)

4.7. Teste de espuma para veículos

As tintas à base de água são utilizadas para ter um problema de formação de espuma de tinta. O problema da formação de espuma de tinta resulta sempre em tempo de paragem da máquina e aumento do desperdício de materiais. O problema da espuma de tinta nunca é completamente removido, mas pode ser minimizado tanto no lado do fabricante como no lado do operador. Para este teste, veículo acrílico e veículo de soja foram formulados separadamente onde em cada formulação todos os ingredientes foram cortados com 50% de adição de água DI. A água DI é adicionada juntamente com 0,001% de Desespumante (FC-613). Ambas as amostras foram agitadas durante 10 segundos e observadas, e o tempo foi calculado para assentar a espuma. Como mostra a figura 27, o veículo acrílico levou quase 80 segundos para assentar a espuma, enquanto que o veículo de soja levou apenas 20 segundos para assentar. Do teste é óbvio que a espuma de veículo de soja é menos do que a de veículo acrílico.

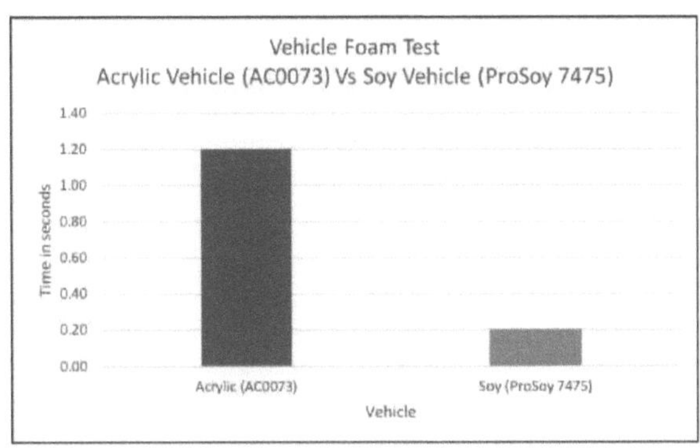

Figura 27. Teste de espuma para veículos
(acrílico vs soja)

CAPÍTULO V

CONCLUSÃO

As tintas à base de água para flexografia empregam solução acrílica e polímeros de emulsão e vários copolímeros com estireno, butadieno, e muitos outros copolímeros. O seu desempenho é fiável e muito bom, o problema é que estas resinas são utilizadas em muitos outros campos e, por vezes, não é fácil ter um fornecimento suficiente delas para as indústrias de tintas. Outro problema é que as resinas acrílicas não são biodegradáveis. O foco desta investigação foi investigar se as tintas feitas de materiais renováveis e/ou biodegradáveis como a proteína de soja poderiam ser adequadas para utilização em formulações de tinta flexográfica à base de água para impressão em liner de cartão.

Os resultados experimentais mostraram que os incrementos de veículo de soja na tinta acrílica em comparação com a tinta 100% acrílica tiveram um desempenho semelhante ao da tinta 100% acrílica. A comparação de cor entre a tinta acrílica alvo e os incrementos de amostras de tinta de soja em termos de diferença de cor foi encontrada abaixo de AE=1, o que está de acordo com as normas AE utilizadas na indústria gráfica e gráfica. Os resultados sugerem que o veículo de soja pode ser utilizado para substituir o veículo acrílico em tintas flexo-acrílicas à base de água. Isto ajuda a alcançar a formulação de uma tinta à base de água verdadeiramente ecológica, o que também ajuda a reduzir a emissão de COVs.

O trabalho futuro sugerido para esta investigação seria a realização de mais testes para toda a dispersão de pigmentos de cor de processo utilizando o veículo ProSoy 7475 em formulações de tinta à base de água. Os parâmetros de impressão em diferentes substratos podem ser analisados. As curvas reológicas das amostras contendo os incrementos de veículo de soja devem ser analisadas utilizando um reómetro dinâmico de tensão e comparadas com as tintas flexo comerciais, a fim de avaliar a capacidade de impressão e o desempenho de tiragem. As formulações nesta pesquisa seriam também testadas na prensa flexográfica comercial para investigar o desempenho da tinta e descobrir se os resultados em grande escala correspondem aos resultados encontrados em laboratório.

REFERÊNCIAS

[1] Makin M., conferência de imprensa na GRAPH EXPO, Setembro de 2017.

[2] Responsabilidade por todos os meiosProsperidade para todos , Acesso a partir de

https://sgppartnership.org/?PageID::=%3A2, 30 de Outubro de 2018.

[3] Parceria para a Impressão Sustentável Verde (SGP) Acesso a partir de 30 de Outubro de 2018

http://www.pianko.org/aws/PIAKO/pt/sp/sgp.

[4] Packaging outlook 2018., website: https://www.packagingstrategies.com/articles/90260-packaging-outlook-2018-paperboard-packaging-overview [Acedido a 31 de Outubro de 2018].

[5] Impastato, M., Sustainable Packaging and Ink, Ink World, 24 de Junho de 2009, Acesso em Outubro 2018 de https://www.inkworldmagazine.com/issues/2007-03/view características/sustentáveis...

empacotar e enroscar.

[6] Rentzhog, R. Water-Based Flexographic Printing on Polymer-Coated Board Doctoral Thesis at the Royal Institute of Technology Stockholm, Sweden 2006

[7] Crossley. D. Visão Geral do Mercado de Papelão Ondulado e Caixas. Recuperado em Novembro de 2018 em https://www.rightplace.org/assets/img/uploads/resources/Packaging_Don-Crossley.pdf

[8] Flexographic Process, in Helmut Kipphan (Ed.) *Handbook of Print Media Technologies and Production Methods Springer-Verlag* Berlin Heidelberg New York, 2001.

[9] Argent D., Field S., Patterson C, Gilbert S., Sickinger G., Flexography: Principles and Practices, FFTA Inc., Ronkonkoma NY, 1999, Volume 5.

[10] Argent D., Flexographic Image Reproduction Specifications and Tolerances (FIRST) Book, 3rd Edition A comprehensive set of procedural processes FTA Connection FLEXO PRINTABILITY OF

LINERBOARD. Ronkonkoma NY, 1999, Volume 5

[11] Harper Ectophotography™ Digital Volume (EDV) Chart Imperial/Metric, descarregado de http://www.harperimage.com/AniloxRolls/XLT-Anilox-Roll/product-4, 30 de Outubro de 2018.

[12] Anilox rolo e células. (n.d.). Recuperado em 30 de Outubro de   2018,   de https://www.diytrade.com/china/pd/12034078/Anilox_Rollers.html

[13] ARC Internacional. Opções mecânicas. Recuperado em Novembro de 2018 a partir de https://www.arcinternational.com/products/anilox-rolls-ww/

[14]   Placa flexográfica. Recuperado em Novembro de 2018 de https://imprentasargentinas.com/2017/09/11/que-es-la-flexografia/carrossel-cyrel-02_41989001425307698/

[15] Lixiviação, R. H. (2007). O Manual de Tinta de Impressão. Springer Netherlands.

[16] Altay, B.N., Joyce, M., Fleming, P.D., Rong, X. (2017). Rumo à formulação de tinta condutiva de níquel para impressão em flexografia. Actas da Associação Técnica das Artes Gráficas, 10-19.

[17] "Tipos de Pigmentos" Corantes e Pigmentos https://www.journals.elsevier.com/dyes-and-pigmentos

[18] Davis, S. Print more, desperdiça menos - reduza o seu desperdício de tinta. Instituto de Prevenção da Poluição 2017.

Recuperado em   Novembro de 2018from https://www.sbeap.org/files/sbeap/publications/ink_recycling.pdf.

[19] Kipphan H., Handbook of Print Media: Tecnologias e Métodos de Produção, SpringerVerlag Berlin Heidelberg New York, Edição, 2001. p. 131.

[20] Janule, V.P., Medição dinâmica da tensão superficial de formulações de tintas de base aquosa, frustrações e flexibilidades. Ink & Print Verão 1994 v12 n3 p25(6)

[21] Weinzimer, Mel, Evolução da tecnologia da tinta à base de água. Polymers Paint Colour Journal,

Fev 1996 v186 n4377 p35(2)

[22] Lichtenberger, M. (2004). Tintas de base aquosa. Tintas à base de água, CE(527). Recuperada a 10 de Novembro de 2018, de http://davidlu.net/Matt.pdf

[23] Teste da previsibilidade das tintas flexográficas à base de água em substratos plásticos Matthew T. Moran descarregou 5,   2018 de Novembro   : https://scholarworks.rit.edu/cgi/viewcontent.cgi?article=4774&context=theses

[24] Xu, Qingyi, Mitsutoshi Nakajima, Zengshe Liu, e Takeo Shiina, "Soybean-based surfactants and their applications", Soybean-Applications and Technology, Prof. TziBunNg (Ed.), ISBN: 978-953-307-207-4, InTech, Book Chapter (2011) Capítulo 20:341-364, Disponível em: http://www.intechopen.com/books/soybean-applicationsand-technology/soybean-based-surfactants-and-the-the-applications

[25] Kinsella, John E. "Propriedades funcionais das proteínas da soja". Journal of the American Oil Chemists' Society 56, no. 3 (1979): 242-258

[26]   Composição da soja. (n.d.). Recuperado em 5 de Outubro de   2018, a partir de https://www.cornandsoybeandigest.com/issues/agriculture-infographics#slide-2-field_images- 71731

[27] Swiatek, Jeff. "Farmers Help Soy Ink makes its Mark" Indianapolis Star 26 de Janeiro de 1992. ProQuest

[28] Sevim Erhan, Marvin Bagby, "Vegetable-oil-based printing ink formulation and degradation", Industrial Crops and Products 3, no. 4 (1995): 237-246

[29] Soya.be, Soy ink benefits, acedido a 5 de Novembro de 2018 a partir de http://www.soya.be/soy-ink- benefits.php

[30] Sharen Brower," Soy ink-based art media", US Patent US5167704A, Dezembro de 1992

[31] Keith Smith, "Utilizações industriais da proteína de soja: Nova ideia", 87ª Reunião Anual AOCS & Expo, 1996; 7(11):1212-1223

[32] Paul M. Graham, Thomas L. Krinski," Heat coagulable paper coating composition with a soy

protein adhesive binder", US patent US 4421564 A, Dezembro 1983

[33] BioBook, Qual é a estrutura geral de uma proteína? Recuperado a 5 de Novembro de 2018, a partir de https://adapaproject.org/bbk_temp/tiki-index.php?page=Folha%3A+O que é+o que é+o que é+geral+estrutura+de+a+proteína%3F

[34] Dhiman Goswami, Amlan Saha e Saurav Dhar, qPMS Sigma - An Efficient and Exact Parallel Algorithm for the Planted (l, d) Motif Search Problem, B.Sc. in Computer Science and Engineering Thesis, Department of Computer Science and Engineering, Bangladesh University of Engineering and Technology, Fevereiro 2017.

[35] Khodabakhsh, Z M. (2013). Tinta de Jacto de Tinta à base de Soja. Teses de Mestrado. 438. http://scholarworks.wmich.edu/masters_theses/438

[36] Patil, B. H. (2015). Recuperado em Novembro de 2018 Formulação e Avaliação de Tintas Resistivas à Base de Polímeros de Soja, Impressão por Gravura para Aplicações em Electrónica Impressa. de Teses de Mestrado. 667.http://scholarworks.wmich.edu/masters_theses/667

[37] ISO/PAS 15339-1:2015 Pré-visualização Tecnologia gráfica -- Impressão a partir de dados digitais através de múltiplas tecnologias -- Parte 1: Princípios

[38]   Delta E. Recuperado em Novembro de 2018 de http://help.efi.com/fieryxf/KnowledgeBase/color/Delta%20E_H_T.pdf

[39] Joyce, M. (2012). "Propriedades ópticas dos materiais", Recuperado em Novembro de 2018 das notas do curso PAPR 5301, Western Michigan University, Kalamazoo, MI.

[40] Joyce, M. (2012) PAPR 5301 Notas da palestra: Propriedades Ópticas dos Materiais. Western Michigan University, Kalamazoo, MI.

Printed by Books on Demand GmbH, Norderstedt / Germany